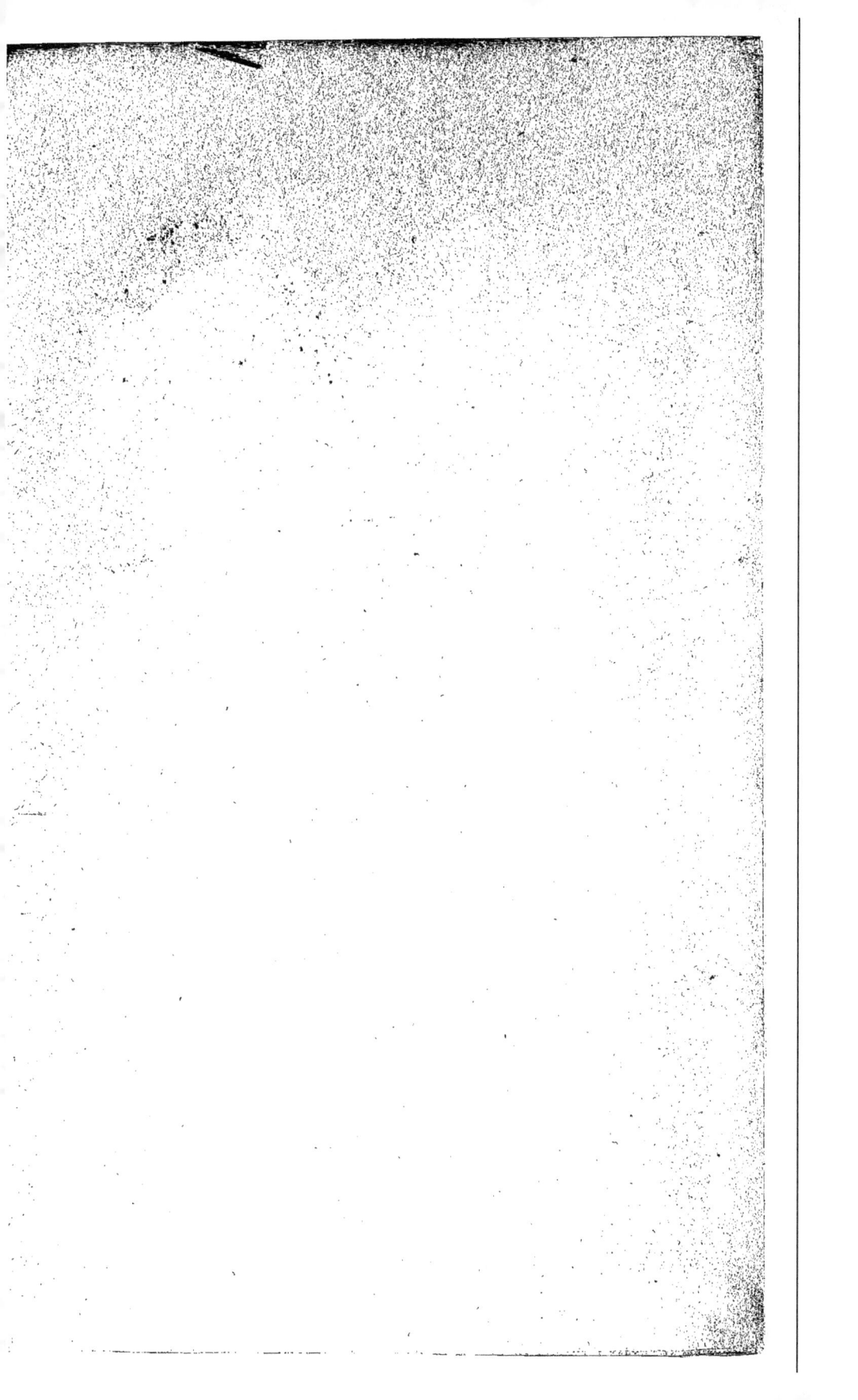

V

Ⓒ.

DES BANQUES EN FRANCE.

NÉCESSITÉ D'UNE ENQUÊTE

AVANT DE RENOUVELER LE PRIVILÉGE

DE LA BANQUE DE FRANCE.

POUR PARAITRE PROCHAINEMENT.

Ouvrage du même Auteur.

ÉTUDES

SUR LE CRÉDIT ET LES BANQUES,

Avec des Tableaux statistiques présentant la situation actuelle
et l'état comparatif des institutions de crédit en France, en
Angleterre et aux États-Unis.

UN VOLUME GRAND IN-8°.

Table des matières de l'ouvrage.

DES
BANQUES EN FRANCE.

NÉCESSITÉ D'UNE ENQUÊTE

Avant de renouveler le Privilége de la

BANQUE DE FRANCE.

> Il n'y a que peu d'hommes en France qui
> sachent ce que c'est qu'une banque.... c'est
> une race à créer.
> (NAPOLÉON, *séances du Conseil-d'État.*)

PARIS.
CHEZ GUILLAUMIN ET Cᵉ, ÉDITEURS

DU DICTIONNAIRE DU COMMERCE ET DES MARCHANDISES.

PASSAGE DES PANORAMAS, GALERIE DE LA BOURSE, Nº 5.

1840

Imprimerie de LIREUX père, rue Ste Anne, 55.

Les pages suivantes, et les faits qui y sont énon-
cés, sont tirés presque entièrement d'un livre destiné à être publié prochainement et intitulé : *Etudes
sur le crédit et les banques.* Il a pour objet : le crédit, sa nature, son origine, son histoire, ses développemens progressifs chez les différentes nations,
et enfin, sa constitution actuelle en France, en Angleterre et aux Etats-Unis. Des tableaux statistiques accompagnent et résument pour ainsi dire
chacun des chapitres, et confirment les faits énon-
cés, par la plus irréfragable des preuves, celle des
chiffres.

La présentation du projet de loi concernant le
renouvellement du privilège de la Banque de France a appelé l'attention publique sur l'étude des

questions de crédit, beaucoup plus graves encore
dans l'intérêt de la prospérité d'une nation que ne
le croient généralement en France, les hommes
politiques.—Le projet de la commission, quoique
long-temps élaboré, nous a malheureusement donné la preuve de la réalité de cette conjecture. —
La commission n'a point voulu admettre que quelque chose fut possible, de mieux que le *statu quo*.

Nous ne sommes pas de l'avis de la commission.
—Nous croyons que le gouvernement aurait pu
proposer un projet moins en arrière de tout ce qui
existe. A défaut du projet ministériel, la commission aurait pu remplir les lacunes, ou plutôt com-
penser par un projet venant d'elle, l'absence de
toute idée financière dans celui du gouvernement.
Elle ne l'a point fait. Qu'en conclure ?

Les hommes chargés de proposer ou d'examiner
le projet, ont-ils ignoré, ou bien ont-ils eu intérêt
à déguiser les faits et les choses? il y avait un
moyen bien simple de répondre à cette demande
d'une manière honorable pour tous, et de mettre
les réalités en évidence. C'était de provoquer une
enquête sur cette importante question.

Nous demandons aux chambres de l'ordonner.

Nous croyons devoir nous borner aujourd'hui à
démontrer l'utilité de cette enquête.

En conséquence, sans nous occuper de la question au fond, nous allons exposer dans les deux
fragmens publiés ci-après :

1· L'histoire du privilège des banques, les circonstances dans lesquelles des priviléges ont été concédés, et la manière dont ils ont été considérés ;

2° L'insuffisance des institutions de crédit en France, et la nécessité de les propager.

Plus tard nous aurons à examiner quelles sont les conditions du développement du crédit en France.

Que le public sérieux accueille avec quelque faveur la publication de ces premiers fragmens, et nous nous hâterons de compléter ce travail, pour lequel nous demandons un peu d'attention et beaucoup d'indulgence.

I.

Du Privilège des Banques.

———

Les temps, dans leurs évolutions, amènent des tendances et des nécessités nouvelles. Les esprits long-temps tournés vers un certain ordre d'idées, arrivent, à un moment donné, à une série de préoccupations d'un autre ordre ; les faits changent, les conditions se transforment sans cesse. L'homme d'état, dont l'art est d'observer et d'apprécier sainement les circonstances qui se développent sous ses yeux, est appelé à modifier perpétuellement ses jugemens et ses actes au gré des combinaisons variables des faits qu'il étudie et des besoins qu'il cherche à satisfaire.

Telle nature d'institutions qui pouvaient n'avoir

dans le passé qu'une importance secondaire, tend à jouer un rôle immense dans l'avenir. Tel mobile de prépondérance, soit politique, soit commerciale, qui faisait à peine pressentir son influence et sa portée il y a quelques siècles, après avoir grandi progressivement, sans résistance et sans entrave, finit par apparaître dans toute l'énergie de sa puissance, promettant bientôt de conquérir le monde. Il en est ainsi du principe des institutions de crédit.

C'est surtout dans les temps modernes que s'est développée la tendance vers l'organisation du crédit. C'est depuis peu de siècles que ce puissant mobile, jusqu'alors inconnu, ou du moins confondu dans les faits d'un ordre secondaire, a été appelé à une influence prépondérante. Aujourd'hui les peuples se préoccupent sérieusement des élémens de prospérité qu'il renferme et des bienfaits qu'il promet à ceux qui en comprennent l'application. Le crédit apparaît désormais à tous les esprits clairvoyans comme un instrument actif et honoré de richesse, de puissance, de progrès, comme un lien de civilisation et d'harmonie entre les classes. Une ère nouvelle a été ouverte, le jour où chacun a été appelé à débattre librement son salaire et à prétendre à un profit proportionnel à l'utilité de son travail. Cette ère est celle du crédit. Or, depuis cette époque, si favorable au développement des facultés individuelles, le crédit a de plus en plus jeté son réseau sur les nations. Aujourd'hui c'est un fait considérable, c'est un ressort politique, c'est un instrument de conquête et de prééminence nationale.

Si donc il est vrai que l'homme d'état doive surtout apprécier les tendances et les nécessités des temps, il est rigoureusement nécessaire aujourd'hui que la sollicitude éclairée de tous ceux qui exercent quelqu'influence sur les destinées du pays, hâtent la solution des questions vitales qui se rattachent à l'organisation de notre système de banque. La solution de ces questions est urgente sans doute, mais il est surtout urgent qu'elle soit large et complète, car c'est à cette condition seule qu'elle promet d'être utile et durable. Il ne s'agit pas ici d'un objet transitoire de préoccupation, d'un élément douteux et fugitif de prospérité, il s'agit d'une œuvre capitale, d'un but inappréciable de puissance publique, de grandeur et d'avenir.

Or, qu'on y réfléchisse ; avant qu'une œuvre d'une telle importance puisse être accomplie avec fruit, les notions les plus élémentaires, les principes les plus fondamentaux doivent du moins être préalablement établis. Quel système veut-on appliquer à la France ? est-ce un système de centralisation indéfinie ou de décentralisation progressive ? Quel rôle veut-on attribuer à l'état dans l'organisation des institutions financières ? veut-on le monopole ou l'indépendance ? Si l'on se prononce pour une banque d'état, dans quelle limite veut-on circonscrire ses droits exclusifs ? si l'on se prononce pour des banques libres, à quelles formes restrictives veut-on soumettre leur action? enfin dans quel sens veut-on résoudre le problême si difficile du privilége des banques?

Etablissons d'abord une distinction radicale : Qui dit *privilége* ne dit point ou du moins peut ne point dire *privilége exclusif*. Que les hommes graves, sentant combien il est utile de contrôler, au sein d'une nation, l'émission du papier de circulation, réclament dans ce but des garanties légales, authentiques, c'est un bien, c'est une nécessité ; car la confiance publique, ce tout puissant levier des grandes entreprises, doit être maintenue à l'abri des déceptions. Mais que de cette nécessité on tire l'induction que ce droit d'émission doit être un monopole exercé par quelques-uns et au profit de quelques-uns, à l'exclusion de tous autres titulaires de droits égaux, cette doctrine nous semble, en équité, insoutenable, et, en économie publique, dangereuse.

Or, la Banque de France se trouve précisément nantie, par sa charte d'institution, de ces droits exclusifs, de ces droits qui impliquent non seulement un privilège en sa faveur et qui la signalent officiellement à la confiance publique, mais qui impliquent en outre l'interdiction la plus absolue de toute autre banque dans la même circonscription. Que

l'on commence par bien apprécier cette situation,
et qu'après avoir ainsi séparé cette choquante idée
de monopole de celle d'un privilége pur et simple
concédé en vue d'un intérêt public, on se demande
si ces droits exhorbitans, si ces prérogatives inouies
doivent être perpétuellement consacrés parmi nous.

Jusqu'à présent, en France, nous ne l'ignorons
pas, chacun marche encore à tâtons au milieu de
ces difficultés. Mais ces difficultés mêmes n'existeraient plus depuis long-temps si la discussion s'en
était opportunément emparée. Ces questions, en
apparence compliquées, mais qui, posées dans ces
termes, semblent si simples et si élémentaires, au-
raient été sans doute aussitôt résolues que conve-
nablement abordées.

Heureusement d'ailleurs, l'expérience est là pour
nous guider dans cette voie ; l'expérience est là
pour nous montrer les précédens à imiter, les
écueils à fuir, les améliorations à provoquer pour
nous mettre au niveau de nos devanciers. Mais il
faut du moins que nous sachions être dociles à ses
leçons, il faut que parmi nous les intérêts privés
sachent subir la loi des intérêts publics.

Recherchons donc quel est le principe adopté
par les autres nations sur cette immense question
du privilége des banques. S'il est un pays où ce
privilége ait été exclusif, comme il l'est encore en
France, il faut que le gouvernement de ce pays ait
été singulièrement influencé par des exigences exceptionnelles.

Examinons d'ailleurs la généralité des faits, il nous restera à les apprécier.

Après les banques de dépôt et de circulation qui furent établies à Venise, à Gènes, à Amsterdam et à Hambourg, dans l'unique but de substituer une monnaie uniforme de papier à cette multitude de monnaies de types variés et de valeur inégale que frappaient tous les souverains, chefs d'état ou de principauté; après ces banques fonctionnant comme monts-de-piété et, délivrant des billets contre un dépôt d'espèces conservées en nature, furent établies les Banques d'émission et d'escompte, ayant pour but d'émettre non-seulement l'équivalent des valeurs métalliques recueillies dans leur caisse, mais des sommes supérieures à celles de leur numéraire, de manière à multiplier ainsi le capital de la circulation. C'est sur ce principe que sont généralement établies les banques d'aujourd'hui. Celles qui n'étaient dans l'origine que banques de dépôt se sont plus ou moins transformées en banques d'escompte et d'émission. Or, quel privilége doit-on concéder à ces banques? Doit-on leur constituer un monopole? ou doit-on les laisser se développer librement comme de nouveaux auxiliaires du commerce? alors que les banques avaient pour but et pour principe de créer un type uniforme et authentique de monnaie en remplacement des types infinis dont nous venons de parler, le privilége exclusif qu'un état pouvait conférer à une banque se justifiait aisément par la nécessité de donner un caractère authentique et unique à cette œuvre de substitution monétaire. Mais maintenant que les banques sont un fait commercial, instituées dans un autre but et sur d'autres principes, les mêmes argumens existent-ils encore? guidons-nous ici par la pratique. Voyons ce qui existe autour de nous.

En Prusse, il existe un système de banque dont les économistes ne s'occupent guères, et qui semble pourtant aussi complet et aussi large qu'en aucun autre pays. La Prusse voit circuler d'abord un papier-monnaie, proprement dit, garanti par l'état pour un capital de plus de 11 millions d'écus courans, soit d'environ 42 millions de francs. Ce papier, émis sous forme de billets de caisse en 1824, était destiné d'abord à retirer de la circulation tout l'ancien papier-monnaie consistant en billets de diverse nature, mais la facilité que ces nouveaux billets prêtent au commerce et aux transactions ordinaires a engagé le gouvernement de ce pays à les augmenter d'une somme équivalente à 20 millions de francs environ, tout en amortissant la même somme en fonds publics ; d'où il suit que le gouvernement a obtenu double avantage, celui de favoriser les relations commerciales et de réduire l'intérêt de sa dette. Ces billets de caisse consistent en coupons de 1, 5 et 50 écus constamment échangeables en espèces au bureau de réalisation à Berlin. Mais ils circulent en Prusse comme l'argent métallique; on les reçoit sans difficulté en sommes marquantes et il est même de rigueur d'en verser la moitié pour tous les paiemens aux caisses du gouvernement.

Indépendamment de ce papier-monnaie émis par disposition pure et simple du gouvernement, il se fait en Prusse d'autres émissions de papier de circulation non-seulement par la banque de Berlin, qui compte 9 ou 10 succursales, mais par d'autres banques établies et autorisées dans la même ville.

La banque de Berlin proprement dite, fondée en 1765, se compose maintenant de trois banques : la banque de dépôt, celle d'escompte et la caisse générale.

La banque de dépôt a pour but de faire valoir les fonds des maisons des orphelins, des tribunaux, des institutions bienfaisantes et des particuliers pour lesquels on ne trouverait pas ailleurs un emploi utile. A cet effet, elle émet des obligations portant intérêt à 3 et 2 p. 0|0 remboursables en tout temps sur la simple demande des prêteurs.

La banque d'escompte ou le Lombard prête sur marchandises, obligations, effets publics et particuliers, achète et vend des lettres de change sur l'étranger, fait le commerce le plus étendu sur les matières d'or et d'argent. Elle émet des billets au porteur de 100, 200, 300, 500 et 1,000 écus remboursables à sa caisse et circulant dans le pays comme les espèces.

Ce n'est point tout encore. Indépendamment de ces diverses émissions de papier faites par chacune des nouvelles divisions de l'ancienne banque de Berlin, il existe encore dans la capitale de la Prusse une institution fondée sous le titre de *Direction générale de la société de commerce maritime*, et une autre sous le nom de *Union de caisse*. Ces deux institutions, quoique particulières, sont autorisées par le gouvernement, fonctionnent à l'instar de la banque de Berlin et émettent pareillement des billets.

Voilà donc l'exemple de la Prusse qui prouve d'une manière bien concluante et bien complète qu'on n'a point cru dans ce pays à la nécessité de faire de l'émission du papier de banque une affaire de monopole. Rien ne démontre que l'application de ce système y fasse naître des dangers ; tout, au contraire, en atteste les avantages.

En Belgique, l'ancienne banque établie à Bruxelles sous le titre de Société générale pour favoriser l'industrie sous le patronage immédiat de l'administration publique, a le privilége d'émettre des billets au porteur ; mais ce privilége est loin d'être exclusif. *La Banque de Belgique*, de date toute récente, et une *société de commerce* en émettent pareillement. Il existe en outre une *Société nationale* tendant à favoriser le commerce du royaume, et la *Société du Luxembourg*, fondée principalement dans le but de soutenir l'exploitation des mines et de vivifier toutes les ressources agricoles ; toutes deux usent des mêmes droits et siégent également à Bruxelles. Ajoutons que la *Société générale* compte de nombreuses succursales dans les autres villes de la Belgique, pourvues d'ailleurs de banques et de comptoirs particuliers. Or, ces faits se passent bien près de nous, dans un pays qui, par les développemens de son industrie, pourrait, sous bien des rapports, nous servir de modèle.

Un autre pays qui, en cette matière, est bien souvent cité comme celui où l'on doit chercher les plus utiles précédens à imiter, l'Ecosse, possédant un système de banque qui diffère en quelques points de celui de l'Angleterre, en vertu de dispositions spéciales, indépendamment des banques libres, *Joint Stock Banks* et *Private Banks,* qui émettent aussi des billets, voit fonctionner ses trois banques principales avec un accord et une unité admirables, sans privilége exclusif pour aucune. La *Royal Bank of Scotland,* la *Bank of Scotland* et la *Linen Pritish Company,* établies, les deux premières à Edimbourg, et la troisième à Aberdeen, émettent des billets à vue, qu'elles reçoivent réciproquement à leur caisse comme argent.

Aux Etats-Unis, même système, avec une antipathie plus prononcée encore contre ce qui est monopole et tendance exclusive. La banque qui existait naguère sous le titre de *Banque des Etats-Unis,* mais qui n'est plus aujourd'hui que la *Ban-*

que de Pensylvanie, avec vingt-sept succursales, banque contre laquelle tant de passions ont été déchaînées par le général Jackson , avait pourtant l'unique privilège d'être dépositaire des deniers de l'Etat, avec le caractère de banque nationale. Elle était banque politique, recueillait les impôts et faisait fonction de la trésorerie d'état, etc. Le gouvernement américain , croyant n'avoir plus rien à attendre de son concours (nous appuyons sur ce fait, parce que c'est l'intérêt seul qui peut forcer un gouvernement à se mettre sous la dépendance d'une banque), a cru voir un danger dans cette simple prééminence qui était loin cependant de conférer à la banque des Etats-Unis le monopole des émissions de billets, et cette prééminence a été ravie à la Banque à l'expiration de son privilège.

Or, on ne peut méconnaître un fait, c'est que l'Amérique est, à vrai dire, l'école pratique du Bankism. En Amérique donc, on a sapé tout privilège qui tendait à placer une banque au-dessus du droit commun, et la Banque de Pensylvanie ne fonctionne aujourd'hui qu'à l'instar des banques des autres états légalement incorporées. Aussi, dans ces pays, plus de 900 banques émettent du papier de circulation. Que le développement outré d'un principe rationnel engendre des abus et des dangers, c'est ce que nous n'avons pas l'intention de nier, mais nous cherchons dans le monde les nations civilisées qui se plaisent à consacrer le monopole des banques, et jusqu'ici nous n'en trouvons pas.

En Angleterre, cependant, nos hommes d'état pourront aller chercher leurs argumens et l'apologie de leur système ; mais là encore, disons-le tout d'abord, il n'y a pas de privilége absolu dans le sens de celui qui est attribué à la Banque de France. La première charte d'incorporation de la *Compagnie de la Banque d'Angleterre* concédait à cette compagnie le droit pur et simple d'émettre des billets à vue, laissant le même droit dans le domaine public. Ce n'est qu'à une époque postérieure qu'il fut stipulé, à titre de concession nouvelle en faveur de banque, que ce droit cesserait d'appartenir à toute association composée de plus de six membres. Nous verrons tout à l'heure sous l'empire de quelles circonstances cette restriction fut introduite dans la législation. Jusqu'à ce jour, la continuité des mêmes circonstances a justifié le maintien de cette même restriction. ajoutons qu'aujourd'hui cette disposition n'a son effet que dans le périmètre de 65 milles autour de Londres, et que d'ailleurs elle n'a point pour but d'exclure les banques par actions, les *Joint Stock Banks*, de fonctionner dans ce rayon, sauf la réserve relative au droit d'émission.

Que dans tous les cas, le gouvernement anglais ait cru devoir conférer de tels priviléges à la Banque d'Angleterre, cela se conçoit, c'est comme s'il se les était attribués à lui-même, car la Banque d'Angleterre n'a pour ainsi dire pas d'existence indépendante du gouvernement, elle n'est qu'un annexe à l'échiquier. Ce qui constitue son capital, ce n'est autre chose qu'une dette perpétuelle de l'état.

La Banque d'Angleterre n'est point une institution destinée à avoir de grandes relations avec le commerce. Son service d'escompte n'existe que subsidiairement à ses opérations financières pour compte du trésor. Les billets de la banque, ayant un cours légal, sont émis sous la responsabilité de l'état. L'état agissant pour la banque agit donc en vue de son propre crédit. C'est en effet la banque qui perçoit les taxes publiques moyennant une très-faible prime qui est loin d'égaler les frais de perception que nous payons en France ; c'est la banque qui fait au gouvernement toutes les avances en comptes courans que les nécessités publiques le forcent à lui demander, soit en anticipation de recettes publiques, soit en escompte de bons de l'échiquier, soit à tous les titres possibles. Disons plus encore, c'est que le gouvernement qui a accordé à la Banque d'Angleterre de tels priviléges, n'a jamais été en position de les lui refuser, car jamais il n'a pu se passer de son concours, aux époques de renouvellement de sa charte. Il a dû par conséquent capituler devant une nécessité plus forte et transi-

ger périodiquement avec la banque, comme nous
le verrons tout-à-l'heure, en lui disant : Je re-
nouvellerai vos priviléges, mais à telles ou telles
conditions.

Voilà donc des circonstances toutes spéciales
qui expliquent un fait tout spécial. Or, en France,
le cours des billets de la Banque de France est-il
forcé? non. Les receveurs des finances sont-ils tenus de les prendre en paiemens de taxes publiques!
non. La Banque est-elle chargée de recouvrer les
impôts sous sa responsabilité et moyennant une
prime très-modique? non. Y a-t-il d'ailleurs en
France une disposition qui permette à toute association de moins de six personnes d'émettre à Paris des billets de circulation? non. Y a-t-il possibilité réelle de constituer à Paris des banques libres
à fonds unis, des banques par actions en sociétés
anonymes, comme les *joint stock banks?* non. Y a-
t-il possibilité enfin pour les banques libres d'émettre du papier au-delà du périmètre de vingt lieues
autour de Paris? non. On le voit donc, en tous
points, le privilége de la Banque d'Angleterre est
infiniment moins exclusif, moins absolu que celui
de la Banque de France.

La simple disposition qui n'interdit point, en Angleterre, les émissions de billets des *private banks*
(ou de toute association qui ne se compose pas de
plus de six membres) est d'une importance capitale. Le chiffre seul de la circulation des *private*

banks, en Angleterre, est de 210 à 220 millions de
francs, somme égale ou même supérieure à celle
de la circulation de la Banque de France et de tous
ses quatre comptoirs. Nous ne parlons pas des *jóint
stock banks*, qui présente un total plus considérable
encore que celui des *private banks*; de sorte que la
circulation qui se fait en Angleterre en dehors du
privilége des banques représente plus du double
de la circulation totale privilégiée de la France.

Voilà un fait qui démontre assez combien la législation anglaise, nonobstant le privilége conféré
à la Banque d'Angleterre, dont les partisans du monopole de la Banque de France s'efforceraient en
vain de se prévaloir, est plus large, plus favorable
aux libres développemens du crédit. En Angleterre,
comme en Amérique, comme en Ecosse, comme
en Belgique, comme en Prusse, c'est-à dire sur
tous les points les plus civilisés du Globe, il n'y a
pas en matière de banques, les mêmes clauses restrictives que l'on se plaît à consacrer en France.
D'ailleurs le privilége qui existe encore au profit
de la Banque d'Angleterre s'explique par mille
circonstances qui n'existent point chez nous, et de
plus, si le gouvernement anglais avait pu jamais
aborder cette question avec la même indépendance
que le gouvernement américain vis-à-vis de la Banque des Etats-Unis, ou que le gouvernement français peut l'aborder aujourd'hui vis-à-vis de la Banque de France, qui sait ce qu'il eut fait?

Nous puisons donc dans la généralité de ces faits la preuve que les nations les plus avancées dans la voie du crédit ont compris la nécessité de ne point placer leur industrie dans un *lit de procuste*, en la soumettant au joug exclusif, absolu, égoïste de corporations investies d'un monopole illimité.

Maintenant, après avoir pesé ces faits, après avoir établi cette distinction essentielle entre ce qui constitue un privilége exclusif et ce qui constitue un privilége pur et simple à l'instar de ce que l'on appelle ailleurs, *charte d'incorporation*, nous nous demanderons comment devra être posée la question des droits nouveaux qu'il convient de conférer à la Banque de France. Nous sommes à une période pour ainsi dire solennelle, celle de l'expiration légale de ses priviléges exclusifs. Nous demanderons si l'on devra renouveler dans les mêmes termes ces mêmes priviléges pour 24 ans encore, comme si le *statu quo*, en matière de banque, comme en toutes choses, était la loi des nations ! A coup sûr, si les intérêts publics, opposés aux intérêts privés, doivent seulement peser d'un poids égal, dans la balance des hommes appelés à trancher cette question, le commerce français n'aura pas à déplorer la décision funeste dont il est menacé. Il faudrait, en effet, pour que l'état fit aux actionnaires de la Banque de France de telles concessions, qu'il y fut obligé par des motifs bien pressans ; pour que l'état renonçât ainsi, pour des

délais aussi longs, à exercer une juste et progressive influence sur l'organisation et sur les destinées
de la banque, il faudrait qu'il eut un intérêt immense à prendre de telles résolutions. Or, nous ne
voyons cet intérêt nulle part. Le gouvernement ne
doit rien à la banque et n'a pas besoin de ses capitaux. Dût-il avoir recours à un emprunt, son crédit est assez haut placé, en ce moment surtout,
pour faire la loi, plutôt que de la recevoir. C'est la
banque au contraire qui, depuis plusieurs années,
est constamment dépositaire de sommes énormes
appartenant au gouvernement, lesquelles sommes,
comme on le sait, ne portent aucun intérêt au trésor, mais font profiter les actionnaires de la banque, sur la moyenne annuelle de 150 millions environ, d'un revenu approximatif de 6 millions, cal-
culé sur le pied de 4 p. 0|0. Ainsi, on le voit claire-
ment, jusque là le rôle d'obligé appartient à la banque et non au gouvernement, et qui plus est, en
présence de la demande actuelle de prorogation,
le rôle d'intéressé appartient encore à la banque.
Le gouvernement, s'il accueillait bénévolement
cette demande, aux termes de la proposition dont
les chambres sont actuellement saisies, favoriserait
donc indéfiniment les actionnaires de la banque,
à l'exclusion de tous compétiteurs, présens ou fu-
turs dont les combinaisons projetées pourraient favoriser davantage les intérêts du pays, sans se ré-
server pour lui-même le moindre dédommagement,

2

sans prendre le moins du monde en considération les exigences de plus en plus impérieuses du commerce français.

Or, nous le disons franchement, nous aimons à croire cela impossible. Nous ne pouvons admettre que, dans de telles circonstances, la discussion amène une issue qui nous semble aussi peu rationelle et en même temps aussi fâcheuse.

Pour jeter toutefois, quelque clarté nouvelle sur cette importante matière, examinons encore les précédens, profitons de l'expérience de nos devanciers, recherchons ce qui s'est passé dans les autres pays, toutes les fois que la question de l'institution ou du renouvellement du privilége d'une banque a été soumise à un gouvernement ou à une législature.

La première banque du monde, la banque de Venise a été établie au moyen d'un emprunt forcé : premier fait qui prouve qu'un tel privilège n'a été d'abord créé qu'en vue d'un intérêt d'état.

La seconde banque, celle de Gènes, a été établie au moyen d'un fonds composé de propriétés domaniales appartenant à l'Etat et régies comme une sorte de mont-de-piété officiel. Second fait qui prouve qu'une banque est, de sa nature, une institution d'état, et n'impliquant de privilège exclusif pour aucun intérêt privé (1).

(1) « Après que Gènes se fut réconcilée avec Venise, à la suite de cette guerre célèbre qui avait eu lieu, bien des années auparavant, entre les deux peuples, cette république ne pou-

Les banques d'Amsterdam et de Hambourg se confondant avec les précédentes par le but de leur

vant rembourser aux citoyens les sommes considérables qu'ils avaient avancées à l'état, leur céda les revenus de la douane, et décida que chacun des créanciers obtiendrait une portion de ces revenus, proportionnée au principal de sa créance, jusqu'à l'entier remboursement de ce que leur devait l'état; et afin qu'ils pussent tenir leurs assemblées, on leur céda le palais situé au-dessus de la douane. Ces créanciers établirent entre eux une espèce de gouvernement, nommèrent un conseil de cent membres pour délibérer sur les affaires publiques, et un tribunal de huit citoyens chargés, en qualité de chefs, de l'exécution de leurs règlemens. Ils divisèrent leurs créances en actions, qu'ils nommèrent *Luoghi*, et donnèrent le nom de St-George à leur corporation. Lorsqu'ils eurent ainsi organisé leur administration intérieure, il arriva que l'état éprouva de nouveaux besoins; il eut recours à la compagnie de St-George pour en obtenir de nouveaux secours. La banque était riche et bien administrée; elle put faire ce qu'on lui demandait. L'état, de son côté, après lui avoir concédé les produits des douanes, commença à lui accorder des terres, pour hypothèques de l'argent qu'elle avait prêté. C'est ainsi que les choses en sont venues au point que, grâce aux besoins de la commune et aux services de la Banque de St-George, cette dernière a étendu son administration sur la majeure partie des terres et des villes placées sous la domination des Génois; qu'elle les gouverne, qu'elle les défend, y envoyant chaque année les recteurs qu'elle choisit publiquement, sans que l'état s'en mêle en rien. Il en est résulté que les citoyens, regardant comme tyrannique le gouvernement de l'état, lui ont retiré toute leur affection pour la reporter sur la compagnie de St-George qui s'est toujours administrée d'une manière sage et pleine d'égalité. C'est là ce qui donne naissance à toutes ces révolutions si faciles et si promptes, qui font obéir les Génois tantôt à un de leurs concitoyens, tantôt à un étranger; car ce n'est pas St-George mais le gouvernement qui change, aussi lorsque les Fregosi et les Adorni se disputèrent la suprême autorité, comme on ne combattait que le gouverne-

institution, ne furent originairement, comme nous l'avons dit, et ne sont encore, principalement, que des banques de dépôt tendant à transformer en monnaie de banque la monnaie de billon. Ces banques furent créées par des dispositions gouvernementales comme les précédentes, parce qu'elles répondaient à un besoin gouvernemental.

La banque d'Angleterre, sur laquelle nous devons plus particulièrement insister, ne dût son

ment, la majeure partie des citoyens se tint à l'écart et le laissa devenir la proie du vainqueur. L'association de St-George ne fait autre chose, quand un des partis est devenu vainqueur, que de lui faire jurer d'observer ses lois qui, jusqu'à ce jour, n'ont éprouvé aucune altération; car possédant les armes, l'argent et le pouvoir, on ne pourrait y porter atteinte sans courir le risque d'une révolte certaine et dangereuse: chose vraiment unique et qu'aucun philosophe, dans ses plus belles théories de gouvernement, n'a jamais su trouver, de voir dans la même enceinte, et parmi les mêmes citoyens, la liberté et la tyrannie, des mœurs soumises aux lois et des mœurs corrompues, la justice et la licence! c'est cette institution qui seule conserve cette cité si renommée par ses coutumes antiques et respectables; et s'il arrivait, ce qu'on ne peut manquer de voir avec le temps, que St-George s'emparât de toute la cité, elle deviendrait, dans l'avenir, une république plus digne encore d'admiration que celle de Venise.

»Ce fut donc à cette banque qu'Agustino Fregoso céda Sarzana : elle la reçut volontiers, en embrassa la défense, mit sur le champ une flotte en mer et envoya une garnison à Pietra-Santa pour interrompre toute communication entre Florence et l'armée qui se trouvait déjà dans les environs de Sarzana, etc., etc., etc. »

(MACHIAVELLI, *Istorie Fiorentine, libro ottavo.*)

Remarquons en passant la singulière portée politique attribuée à une institution de crédit, par un homme aussi positif que Machiavel.

existence en 1694 qu'aux embarras du gouvernement. L'Angleterre était alors placée dans des
circonstances critiques, et le crédit de l'état était
si bas que l'histoire rapporte qu'à cette époque les
agens du trésor allaient, de porte en porte, solliciter des avances à 10 et 12 pour 0[0 d'intérêt. Une
compagnie organisée sur le plan proposé à lord
Hallifax par l'écossais Paterson, offrit alors de
prêter au gouvernement la somme dé 1,200,000
livres sterlings qui constituait l'intégralité du capital dont elle pouvait disposer moyennant 8 pour
0[0 d'intérêts et une somme annuelle de 4,000 liv
sterlings pour frais. Cette compagnie demandait à
être autorisée, sous le titre du *gouverneur et de la
compagnie de la Banque d'Angleterre,* à émettre du
papier de circulation, en échange des bons de l'é-
chiquier par elle escomptés au gouvernement et du
numéraire qu'elle emprunterait au public à 4 pour
0[0 et même jusqu'à 6 pour 0[0 d'intérêts.

Les premières opérations de la banque n'eurent
pas pour elle des résultats bien heureux pendant
plusieurs années ; mais en prêtant à l'état cette
somme de 1,200,000 livres sterlings, elle lui ren-
dit un service si important que Paterson attribue à
ce seul fait le succès de la guerre, alors pendante, la
prise de Namur et la conclusion de la paix de Ris-
wick.

Voilà donc l'intérêt de l'état servant d'unique
mobile pour la concession des premiers droits at-

tribués à la Banque d'Angleterre. Notons qu'à cette époque la compagnie ne fut point investie de privilèges exclusifs ; mais la situation financière du gouvernement l'ayant forcé à recourir à de nouveaux emprunts et par conséquent à réclamer de nouveau l'assistance de la banque, la banque de son côté se trouvant arrêtée par l'insuffisance de son capital, un bill intervint en 1697 pour l'autoriser à augmenter son capital de toute l'étendue des sommes nouvelles que lui devait le gouvernement, c'est-à-dire de le porter de 1,200,000 à 2,201,171 livres.

Voila donc la banque ne possédant d'autre capital que sa créance contre le gouvernement et obligée d'adhérer cette fois à diverses conditions bien autrement favorables à l'état. Moyennant ce, la charte de la banque fût renouvelée pour cinq ans. Notez le bien, pour cinq ans.

Le second renouvellement eut lieu en 1709, mais non sans conditions nouvelles. Le gouvernement imposa à la banque l'obligation, 1° de doubler encore une fois son capital, 2° de lui prêter 400,000 liv. sterl. sans intérêt, 3° de retirer de la circulation pour 1,775,028 liv. des bons de l'Échiquier, 4° de se contenter d'un intérêt de 6 pour 0/0 pour l'intérêt de la créance du gouvernement y compris les frais. A ces conditions la charte de la Banque fût renouvelée pour 22 ans, c'est-à-dire jusqu'en 1732.

C'est alors que dominé par le sentiment des obligations déjà si importantes contractées envers la Banque d'Angleterre, et ne voyant sans doute plus de bornes pour l'avenir à l'exploitation de cette nouvelle source d'emprunts, le gouvernement anglais voulût placer la Banque dans une sphère d'exception. C'est alors qu'il constitua ses privilèges exclusifs, en déclarant par un bill de 1708, qu'il était désormais interdit à toute association, composée de plus de six membres, d'émettre des billets à vue. Cet acte était particulièrement dirigé contre les fondateurs d'une Banque de circulation, qui, établie sous le prétexte d'exploiter des mines, faisait naître ostensiblement des abus qu'il fallait réprimer.

Toutefois, on le voit, cette prohibition se justifiait encore par la raison d'état, qui représentait de plus en plus la Banque d'Angleterre comme l'unique dispensatrice du crédit du gouvernement. Dans de telles alternatives, avec de tels précédens, on conçoit aisément de telles résolutions. L'intérêt de la Banque s'identifiait complétement avec les intérêts nationaux.

Le 3me renouvellement de la charte de la Banque fût concédé dès 1713 à un moment où le gouvernement eut encore besoin de la Banque ; la prorogation de son privilège eut lieu pour dix années, jusqu'en 1742, moyennant l'obligation contractée par la Banque de mettre en circulation pour

1,200,000 liv. sterl. de bons de l'Échiquier, et d'en soutenir le cours.

Le 4me renouvellement fût concédé en 1742 pour 22 ans, moyennant un nouveau prêt au gouvernement de 1,600,000 liv. sterl. sans intérêt.

Le 5me renouvellement eut lieu en 1764, pour 21 ans, finissant en 1786. La condition que le gou. vernement mit à cette faveur, c'est que la Banque accorderait à l'état un *don gratuit* de 110,000 liv. sterl., et avancerait au trésor 1,000,000 sterl. sur des billets de l'Échiquier à 2 ans de date.

Le 6me renouvellement eut lieu en 1781 pour 27 ans, commençant en 1786 jusqu'en 1813, moyennant une nouvelle avance de 2,000,000 sterl. sur des bons de l'Échiquier à 3 p. 0/0, remboursables au bout de 3 ans.

Le 7me renouvellement eut lieu dès l'année 1800, longtemps avant l'expiration du précédent privilége, parceque le gouvernement, pressé par les circonstances extraordinaires du temps, eut besoin de nouveaux emprunts. Notez qu'à cette époque la Banque était depuis 1797 en état de suspension de paiements, et que ce renouvellement fût concédé pour 20 ans de plus, jusqu'en 1833, à la condition que la Banque prêterait à l'état, toujours sans intérêt, 3,000,000 sterl. en billets de banque, ayant un cours légal, malgré la suspension des échanges en espèces sur des bons de l'Échiquier, à 6 ans d'échéance.

Enfin, en 1833, le dernier renouvellement du privilége de la Banque n'a pas été fait non plus sans conditions pareilles. Remarquons qu'à cette époque sa créance sur l'état s'élevait a 14 millions 686,800 liv. sterl. (367,170,000 fr. (1).

Eh bien! maintenant, nous le demanderons, si l'on a suivi attentivement l'enchaînement de ces faits, n'y voit-on pas la preuve mille fois suffisante que jamais le gouvernement anglais (pour ne point parler des autres gouvernemens) n'a accordé de privilège à la banque sans y être matériellement intéressé et pour ainsi dire contraint? Qui ne voit dans la série de bienfaits qu'il a successivement obtenus de cette institution la compensation des droits exclusifs qu'il lui aurait concédés ou qu'il consentait à lui proroger. Le privilège a été un marché et un marché débattu, et dont la conclusion a toujours été un échange, une réciprocité d'avantages, moyennant tel ou tel nouveau sacrifice! Qui ne voit enfin le gouvernement anglais opérant constamment au profit de l'état, cherchant à s'exonérer sans cesse de ses engagemens vis-à-vis de la banque, exigeant tantôt des avances nouvelles, sans intérêts, tantôt des sacrifices à titre de don gratuit, comme s'il s'agissait d'une sorte de clause synallagmatique, d'un engagement mutuel! qui

(1) Voir l'enquête faite à cette époque par l'ordre du parlement.

Le *Report of the secret committee*, etc.

ne voit enfin dans le chiffre même de la dette du
goùvernement envers la banque, un lien presqu'in-
dissoluble, qui ôte à la fois à la banque sa puissance comme corps étranger au gouvernement, et
au gouvernement sa spontanéité comme juste mo-
dérateur des privilèges de la banque !

Ainsi, que la Banque d'Angleterre soit investie de privilèges à peu près exclusifs, quoique en
réalité ses privilèges soient infiniment moins éten-
dus, moins exclusifs que ceux de la Banqne de
France, cela n'a pas le moins du monde la valeur
d'un bon exemple à imiter. Bien au contraire,
les conditions imposées successivement à la Banque d'Angleterre dans le but de lui faire acheter
chaque bill de renouvellement par ùn sacrifice
aux intérêts publics, indiquent assez dans quel
esprit un gouvernement habile et dévoué à son
pays, doit intervenir en ces rares et mémorables
occurrences.

Nous avons donc déduit de tous ces développemens
historiques la preuve qu'aucun privilège n'a été
accordé à une banque, si ce n'est en vue d'un
intérêt général ; que de toutes les nations civilisées, il n'en est aucune qui maintienne à une
banque des privilèges exclusifs, c'est-à-dire un
monopole à l'instar de celui que possède la Banque de France ; que là où il y a quelque chose
qui ressemble à un privilège exclusif, comme
en Angleterre il y a des circonstances impé-

rieuses qui ont enchaîné la volonté du souve-
rain ; que là où de telles circonstances ont cessé
d'exister comme en Amérique, on s'est affranchi
des obligations qu'elles avaient fait naître ; qu'enfin, a chaque renouvellement de la charte d'une
banque, tout gouvernement a saisi l'occasion
d'en limiter le monopole en faisant prévaloir de
plus en plus l'intérêt du pays sur les exigences
des intérêts privés.

En France même, comme nous le verrons au
chapitre suivant, lorsque la banque fut créée,
ce fut non-seulement pour surmonter la terreur
qu'inspirait encore le souvenir des assignats, et
pour obvier aux dangers d'une circulation dé-
sordonnée, pour satisfaire aux vues de l'empe-
reur qui, préoccupé sans doute des services in-
calculables que la Banque d'Angleterre avait ren-
dus au gouvernement de ce pays, voulait créer
un pareil instrument à la disposition de son
gouvernement ; et lorsque pour la première fois
le privilége de la Banque de France fut renou-
velé, ce fut pour rendre cet instrument encore
plus docile aux volontés du maître. Bonaparte
souscrivit pour cinq millions et saisit cette occasion
pour s'attribuer le droit de nommer un gouverneur
et deux sous-gouverneurs, aux appointemens de
120,000 francs à la charge de la banque, en
remplacement du comité central primitivement élu
parmi les actionnaires.

Aujourd'hui la situation du gouvernement français vis-à-vis de la Banque est fort indépendante et fort nette. Guidé par tous ces antécédens, il peut et doit saisir l'opportunité qui se présente de favoriser les intérêts du commerce français, en améliorant les conditions de notre système de crédit, jusqu'à présent si imparfait, si étroit, si entaché de monopole, et si peu susceptible d'essor tant que subsistera ce monopole.

Les autres peuples ont périodiquement profité de l'occasion du renouvellement du privilége de leurs banques pour ériger des services de toute espèce au profit de leur trésor. Il s'agirait maintenant en France d'ériger un service au profit du pays tout entier (1). Il s'agirait d'adopter les clauses nécessaires pour favoriser le libre développe-de toute entreprise utile, qui pourrait naître en dehors du giron de la Banque et fonctionner concurremment ; il s'agirait de contrebalancer ainsi l'action exclusive d'un corps qui est, pour ainsi dire, l'arbitre de tout ce qui est industrie, commerce, spéculation et travail ; il s'agirait de populariser ainsi les bienfaits du crédit, sans se départir toutefois des lois de la prudence, dont l'intérêt

(1) Il est d'ailleurs utile de faire remarquer une espèce de piége tendu à la bonne foi des réformateurs. Toutes les fois qu'on a demandé un changement quelconque, on a renvoyé la discussion à l'époque du renouvellement. Aujourd'hui on renouvelle sans s'occuper de rien. Autant valait-il renvoyer aux kalendes grecques.

même fait une loi ; il s'agirait, en un mot, de dé-
truire, non pas le privilége, mais le privilêge exclusif de la Banque de France.

Le lecteur ne se fait pas encore, assurément, malgré ce qui précède, une idée exacte de toutes les
conséquences de détail et de tous les petits abus du
système actuel de monopole. L'esprit d'exclusion
est tel, que rien ne peut se faire en France, en matière de crédit, sans l'adhésion expresse des admi-
nistrateurs de la banque, acceptant sans scrupule
le rôle de juges dans leur propre cause.

Qu'il s'agisse, par exemple, d'ériger en *société
anonyme* une banque par actions, dépouillée d'a-
vance par la loi qui a concédé son privilége à la
Banque de France, du droit d'émettre des billets à
vue, celle-ci est là pour y mettre obstacle.

Qu'il s'agisse de fonder une banque locale dans
une ville telle que Dijon par exemple(1), la Banque
de France est encore la pour contrôler la décision.
Son privilège implique non seulement interdiction
de toute émission de billets à Paris, soit par des
banques par actions, soit par des banques particulières, soit par des individus ou des sociétés
quelconques composées de plus ou de moins de six
personnes, ce qui dépasse évidemment la limite des
prohibitions admises en Angleterre ; mais le ridicule
de cet esprit de monopole va si loin que M. Jacques

(1) Voir à ce sujet la piquante et spirituelle brochure du
comte d'Esterno, *des Banques départementales*, etc.

Laffitte a été lui-même obligé pour satisfaire aux injonctions de la Banque de France de renoncer au titre de *banque* qu'il voulait donner à son établissement pour y substituer celui de *caisse*. De sorte qu'en un mot, si l'on veut admettre la supposition que la Banque de France puisse agir un instant d'une manière étroite et fâcheuse pour les intérêts du commerce, il arrivera que le commerce ne pourra avoir son recours nulle part. Il arrivera qu'à un moment donné, l'industrie nationale sera opprimée, paralysée, sans possibilité de recouvrer d'un autre côté la liberté de ses mouvemens, ni surtout la disposition des ressources monétaires qui auront été enfouies dans les caveaux de la banque et retirées de la circulation !

Et cela, disons-le, est d'autant plus injuste et plus douloureux pour les innombrables victimes de ce monopole, qu'en résumé ce monopole ne tourne qu'au profit de quelques intérêts afférens aux classes les moins disposées à protéger ceux de la masse, et s'enrichissant après tout des dépouilles de ceux-ci. Aujourd'hui, pour le commerce de Paris, la Banque de France est tout. Sans elle, il n'y a pour ainsi dire rien ; il n'y a rien que par elle. La caisse Laffitte elle-même n'est désormais qu'une sorte de succursale de la Banque de France, prenant d'une main le papier du commerce, et le rapportant de l'autre au comité d'escompte de la Banque.

Remarquez tous les abus possibles d'une telle
situation. Un papier est offert à l'escompte par un
négociant. Si ce papier n'est pas d'un premier crédit, la Banque le refuse et elle le refuse impuné-
ment, car ce papier ne peut pas lui échapper. Elle
sait que bientôt elle le verra reparaître, sous l'é-
gide d'un nouveau présentateur et couvert d'une
ou de plusieurs signatures de plus. Le négociant
éconduit aura été forcé, en effet, de s'adresser à un
banquier, celui-ci peut-être à un autre, qui, es-
comptant ce papier et y mettant sa signature, aura
alors la certitude de le faire réescompter à la Banque avec ces deux garanties de plus. Par conséquent, nous pouvons poser en principe que, grâce
à ce monopole illimité, s'il plaisait à la Banque de
France de n'escompter désormais que des effets
portant dix signatures au moins, elle finirait par
recueillir de tels effets en abondance suffisante
pour faire emploi de son capital disponible. Mais
qu'arriverait-il alors ? que le papier susceptible
d'être admis, circulerait de main en main, quêtant
de nouvelles signatures, jusqu'à ce que la Banque
(toujours dépositaire du capital métallique du pays)
jugeât enfin à propos de l'admettre. Dès lors il ne
tiendrait qu'à la Banque de France de faire multiplier presqu'indéfiniment le nombre des banquiers
et des escompteurs en sous-ordre, qui, comme on
sait, perçoivent une prime pour chaque signature
qu'ils donnent. Plus il y aurait de tels intermé-

diaires, plus le crédit coûterait cher au petit commerce, mais qu'importerait aux actionnaires de la
Banque de France, puisque par ce moyen ils au-
raient atténué d'autant plus le danger de leurs
opérations. Voilà donc que leur intérêt réel, sous
le régime actuel, est de faire que l'argent coûte le
plus cher possible au petit commerce! cela n'est-il
pas clair comme le jour?

Or, c'est là une position pour le moins singulière, mais cette position n'est que le résultat du
privilége exclusif de la banque, qui place, comme
on le voit, tout le commerce de Paris sous sa
domination la plus absolue.

Malheureusement encore, ce ne sont point là
tout à fait de vaines hypothèses, si en temps de
pleine prospérité ces inconvéniens sont moins sen-
sibles, s'ils sont adoucis par des concessions faciles qui ne coûtent rien à la banque, ces inconvéniens en temps de crise commerciale, deviennent
tellement frappans, que l'on ne peut s'empêcher de
déplorer les effets alors désastreux d'un ordre de
choses qui conduit à un but diamétralement op-
posé à celui pour lequel il semble institué.

Or, il y a encore quelque chose de fort curieux
à observer, c'est le rôle de la Banque de France
vis-à-vis des banquiers qui touchent de près au
commerce. Ceux-ci, en prenant le papier à son origine, quand il ne porte encore qu'une ou deux signatures, rendent un notable service à leurs cliens,

mais en même temps ils apposent, sur le papier qu'ils escomptent, l'endos le plus chanceux, moyennant un avantage qui est loin d'égaler celui que retirent les actionnaires de la banque, sans courir aucun risque. La caisse Laffitte, par exemple, a donné à elle seule, à la Banque de France, sur ses réescomptes de 1839, un produit net de 800,000 francs ; s'il nous était permis de nous servir ici d'une expression bien triviale, mais caractéristique, nous dirions que, dans cette concurrence, la caisse Laffitte n'a fait que *tirer les marons du feu.*

Est-ce juste, tout cela? Est-ce profitable au commerce, cette source de la prospérité, même de tout ce qui ne tient pas au commerce?

Cette manie de l'exclusif en fait de banque est telle, que les banques privilégiées elles-mêmes se nuisent réciproquement par l'effet de leurs monopoles respectifs. Ainsi à Lyon, il y a une banque fondée au capital de 2 millions avec des droits aussi exclusifs dans la circonscription de cette ville que ceux de la Banque de France à Paris. Qu'arrive-t-il? que la Banque de France ne peut établir de comptoirs à Lyon, malgré la solidité incontestablement plus grande de son institution, malgré son caractère encore plus général et plus officiel, il arrive que le crédit de cette ville si éminemment commerciale, ne peut par conséquent rouler que sur un capital de

2 millions, évidemment insuffisant, malgré l'avantage qu'il y aurait pour tout le monde, à ce que la Banque de France y portât les ressources d'un capital plus élevé, et les bienfaits d'une généreuse émulation. Dans toutes les villes où sont établies des banques départementales investies de ces priviléges exclusifs, les mêmes inconvéniens se reproduisent, les mêmes procédés égoïstes peuvent être employés, le même esprit de coterie peut prévaloir ; la nécessité des mêmes intermédiaires, en résulte pour le commerce ; les mêmes charges enfin retombent sur les classes laborieuses, au grand profit de messieurs les actionnaires de ces corps privilégiés.

Ajoutons en passant que ce système de subdivision en monopoles parcellaires, dont un des moindres inconvéniens est de faire naître autant de types de papier en circulation qu'il y a de banques locales, reproduit assez exactement les divisions de principautés qui, au moyen-âge, partageaient les royaumes. Chaque prince battait monnaie d'une façon tout aussi exclusive. Il en résultait l'anarchie, la confusion et l'abus.

Combien il serait plus rationnel de réformer ce système et de saper ces monopoles ! Nous n'avons pas l'intention d'exposer ici nos vues sur les principes constitutionnels d'une banque d'état, ou pour mieux dire d'une banque politique. Nous aurons peut-être, autre part, l'occasion de traiter ce su-

jet. Mais nous signalons le vice capital qui enta-
che le système actuel. Espérons que l'intervention
publique, à l'occasion de la loi de prorogation que
l'on demande, aménera un résultat conforme à nos
vœux. Il est en cette matière des principes dont
le législateur ne peut se départir, ces principes
sont les suivans :

Le crédit d'une nation est une propriété publique.

Cette propriété ne peut être aliénée au profit
d'intérêts privés et exclusifs.

Tout ce qui tend à faire que cette propriété soit
exploitée aussi largement que possible au profit de
la nation doit être impérieusement réclamé.

II.

Insuffisance des Institutions de crédit en France. — Nécessité de les propager.

—

La France, ordinairement si fière de prendre l'i-
nitiative, a été la dernière à entrer dans la voie des
améliorations financières et à pénétrer les secrets
du perfectionnement, en matière de crédit. Le
mouvement qui l'a toujours portée à la tête des
nations, dans tous les grands débats d'intérêts généraux, l'a laissée sous ce rapport, constamment
stationnaire et souvent arriérée.

L'Angleterre, l'Ecosse, la Hollande et d'autres
pays de commerce possédaient déjà des banques
publiques et particulières, fondées sur les vérita-
bles principes du crédit, lorsque chez nous, au
commencement même du siècle, institutions publiques, institutions privées, tout était encore à
créer.

La téméraire expérience du système de Law,
avait eu pour effet de jeter dans les esprits des élémens de défiance d'autant plus graves et d'autant
plus profonds contre les institutions de ce genre,
que la faveur qui avait accueilli d'abord les plans

de Law avait été plus générale. Ainsi que cela
se pratique périodiquement au sein des sociétés,
les masses, épouvantées par l'abus, ne voulaient
plus de l'usage, et confondant dans une aveugle
proscription l'exercice régulier d'un bienfait avec
la déviation dangereuse de son principe, ne voulaient plus admettre une marche progressive, parce
qu'une ascension trop rapide avait entraîné une
chute. De tels phénomènes n'ont pas besoin d'être
expliqués par des circonstances exceptionnelles.
Tous les jours, sous nos yeux, alors même qu'il
s'agit des principes les plus solidement établis et
des notions les plus simples, la possibilité de l'ex-
cès devient bientôt un écueil où se brise plus tard
la sagesse des combinaisons les plus heureuses.

La France restait donc stationnaire et malgré
les richesses que versaient autour d'elle les ressources du crédit, rien n'avait pu encore le natu-
raliser dans son sein.

Il existait, il est vrai, à Paris, divers établissemens de banque, qui, ayant survécu ou surgi au
milieu des funestes débris du système des assignats,
ne pouvaient, par leurs émissions de billets, inspi-
rer une confiance normale, ni produire de bien
grands résultats. A cette époque, les esprits aspi-
raient tellement à l'unité, ils cherchaient si ardem-
ment à se dégager en tous points du joug de l'a-
narchie, qu'un joug contraire devenait bien facile ; aussi le même homme dont l'ambition per-

sonnelle avait trouvé, grâce à ce sentiment réac-
tionnaire, les moyens les plus merveilleux d'assou-
vir ses désirs, n'hésita pas à enchaîner la liberté
des institutions de crédit, et confondit dans une
même mesure de réforme unitaire, tous les établissemens qui fonctionnaient alors sans contrôle aucun, sans nulles restrictions légales. Au nombre de
ces établissemens étaient compris, d'abord la
Caisse d'escompte qui existait depuis 1765, puis
le *Comptoir commercial* et autres associations plus
ou moins viables, plus ou moins dénuées de con-
sistance.

Les statuts d'une nouvelle banque, destinée à
faire office de banque nationale, furent donc tra-
cés par Bonaparte, encore premier consul, pour
réformer toutes ces associations et consacrer le
premier grand établissement de crédit qu'ait pos-
sédé la France.

L'assemblée constituante toutefois, avait compris avant Bonaparte lui-même la nécessité d'une
telle création, dont, en réalité, il serait juste de
faire remonter jusqu'à Law la pensée initiale. Té-
moin des services sans nombre que le gouvernement anglais devait à la banque d'Angleterre, l'assemblée constituante voulut, par un décret en date
du 6 octobre 1789, convertir en banque nationale,
la *Caisse d'escompte* dont nous avons parlé. Nous
avons entre les mains un grand nombre de projets,
de plans, qui furent à cette époque proposés à

l'assemblée constituante, à ce sujet, ou sur des
questions analogues. Mais cette résolution inop-
portune fut, ainsi que tant d'autres plans d'utilité
réelle conçus à la même époque, comme non ave-
nue, au milieu de la tempête révolutionnaire qui
allait éclater.

Ainsi, ce fut Napoléon qui eut le privilége de
présider à l'organisation de la Banque de France.
Cette nouvelle institution fut destinée, dans la pensée de son fondateur, à devenir une banque d'état.
Cependant la Banque de France fut d'abord établie sous forme d'entreprise privée, à l'instar des
autres associations existantes, son capital fut de
30 millions seulement. La Banque de France commença comme la Banque d'Angleterre, comme
toutes les banques du monde, par ne posséder qu'un
simple privilége sans monopole : ce qui confirme
notre opinion, que la concession du monopole a
toujours été faite sous l'empire de quelque circonstance impérieuse.

Les statuts primitifs de la Banque de France furent librement établis ou acceptés, par une compagnie d'actionnaires qui comptait à sa tête MM. Per-
regaux, Lecouteux-Canteleu, Mallet de Mautort,
Perrier, Perré et Robillard, lesquels, aux termes
des statuts, furent les premiers inscrits au nombre
des régens de la banque, sans l'intervention de
l'assemblée générale qui restait encore à convo-
quer. Cette assemblée réunie pour la première fois

le 24 et le 27 pluviôse an viii, compléta le conseil
de régence par la nomination des membres suivans : MM. Hugues Lagarde, Récamier, Germain,
Carrié, Basterrèche, Sevène, Barillon et Ricard.
Les censeurs furent MM. Sabatier, Journu-Aubert
et Soehnée père.

Telle fut l'organisation primitive de la Banque
de France, *sans privilége*, à la date de pluviôse,
an viii.

A peu près à la même date, c'est-à-dire, le 28 ni-
vôse de la même année, un arrêté du premier consul, portait la disposition suivante : « Les obliga-
» tions des receveurs généraux des départemens
» qui auront été protestées sur eux, seront rem-
» boursées par la Banque de France jusqu'à con-
» currence, tant des fonds qui y auront été versés
» à titre d'actions, que de ceux qui existeraient
» alors dans ses caisses à titre de compte courant. »
Cette disposition établissait un premier lien, une
première charge pour la Banque de France, qui
tendait à la charger ainsi de la garantie vis-à-vis
du Trésor, des obligations des receveurs des finances. Premier pas vers le but d'exploitation financière au profit du Trésor que semblait rêver Napoléon.

Ce ne fut cependant que trois ans après, c'est-
à-dire en l'an xi, le 24 germinal, qu'une loi intervint pour sanctionner et compléter l'organisation
de la banque. On attribue généralement à cette loi

la fondation même de ce grand établissement, mais
on voit que c'est à tort. Napoléon, en en provo-
quant l'adoption, n'eut d'autre but que de conférer
à la banque assez d'authenticité, de puissance et
de solidité pour résister à toutes les épreuves qu'il
lui préparait, en vue des exigences de ses propres
combinaisons financières et des intérêts pressans
du Trésor. Il commença par porter le capital de la
banque à 45 millions, représentés par 45,000 actions de mille francs, toutes nominatives. Cette loi
supprima alors la *Caisse d'escompte*, la *Caisse des
comptes-courans* et du *Comptoir commercial*, la *Fac-
torerie générale* et toutes les autres associations qui,
jusque-là avaient pu librement émettre des billets.
Elle leur interdit d'en créer de nouveaux, leur en-
joignant de retirer, avant le 1er vendémiaire suivant, ceux qui pourraient circuler encore.

C'est par cette loi, c'est sous l'empire de ces
circonstances, que fut attribué à la Banque de
France le *privilége exclusif* de créer des billets
payables en espèces, à vue et au porteur. Les
moindres coupures de ses billets furent fixées à
500 francs, *minimum* qui subsiste encore. Son administration fut laissée aux quinze régens élus par
l'assemblée des actionnaires suivant les bases des
statuts précédens ; placés sous le contrôle de trois
censeurs et dirigés par un *Conseil central* de trois
d'entr'eux choisis à la pluralité des voix. Son privilége ainsi constitué lui fut concédé d'abord pour

quinze années, à dater du 1er vendémiaire an XII.

Mais toutes ces concessions, ces dernières surtout qui impliquaient l'introduction du monopole dont on se prévaut aujourd'hui, ne furent pas faites à la Banque de France, sans que, d'un autre côté, de rigoureuses conditions ne lui fussent imposées. Ainsi, une partie de son capital fut convertie en rentes sur l'Etat, ce qui amena une hausse considérable sur les fonds publics ; et de plus, Napoléon ne tarda pas à s'emparer d'une autre portion de ce capital, par une disposition qui ne fut que la conséquence de son arrêté de l'an VIII, en forçant la Banque d'accepter en échange des délégations sur ses receveurs-généraux.

Rien n'est aussi frappant que l'enchaînement et la portée logique de toutes ces dispositions. Napoléon avait tellement en vue l'intérêt *exclusif* du Trésor, dans ces circonstances mêmes où il constituait les priviléges *exclusifs* de la Banque , que par tous ces divers moyens il arriva à réduire la Banque de France, au point où Pitt avait réduit la Banque d'Angleterre. Nous voulons dire à la redoutable nécessité de suspendre ses paiemens. C'était, à coup sûr, lui faire payer assez cher le monopole dont Napoléon avait cru devoir l'investir, peut-être en prévoyant très-bien lui-même ce vers quoi il devait un jour la conduire.

La catastrophe survenue, une nouvelle loi fut nécessaire. Cette loi, en date du 22 avril 1806,

promulguée le 2 mai suivant, porta le capital de
la Banque de France à 90 millions, et la durée de
son privilége à 25 ans, au-delà des quinze premières années. Mais une nouvelle clause introduite
dans la loi supprima le *Conseil central,* chargé
précédemment de diriger la Banque, et attribua
au chef de l'Etat la nomination d'un gouverneur
et de deux sous-gouverneurs, devant exercer l'influence suprême sur la direction de ce grand établissement. La concession du renouvellement de
ce privilége était donc commandée avant tout par
la nécessité de doubler le capital de la Banque,
qui, sans cette concession nouvelle, eût manqué
vraisemblablement de souscripteurs pour le sup-
plément d'actions émises. Rappelons d'ailleurs
combien d'améliorations importantes furent adop-
tées à cette époque, au profit de l'intérêt général :

D'abord, augmentation de capital présentant un
immense avantage pour le commerce et l'industrie ;

Ensuite, substitution d'un gouverneur et de deux
sous-gouverneurs, élus par le chef de l'Etat, et, par
suite, importante garantie au profit du Trésor.

Ce n'est point tout. La réforme des statuts, en
vertu d'un décret du 16 janvier 1808, comprenant
diverses dispositions au profit de la centralisation
administrative de l'Empire, fut faite sur des bases
fort larges. Une clause apparemment tombée aujourd'hui en désuétude, portait :

« L'escompte se fera partout au même taux qu'à
» la Banque même, s'il n'en est pas autrement or-
» donné sur l'autorisation spéciale du gouverne-
» ment. »

Une autre clause était ainsi conçue :

« Il sera pris des mesures pour que ces avan-
» tages résultant de la Banque se fassent sen-
» tir au petit commerce de Paris, et qu'à dater du
» 15 février prochain, l'escompte, sur deux signa-
» tures avec garantie additionnelle qui se fait par
» un intermédiaire quelconque de la Banque, n'ait
» lieu qu'au même taux que celui de la Banque
» elle-même. »

Enfin une autre loi du 18 mai 1808 autorisa
l'administration de la Banque à établir des comptoirs d'escompte *partout* où l'intérêt et les besoins
du commerce le lui feraient juger convenable.

Les premières succursales que la Banque de
France institua en vertu du droit que lui réservait
cette dernière loi, ne furent pas très-heureuses
dans leurs opérations, et celles qu'elle compte aujourd'hui dans quatre villes importantes, Mont-
pellier, Rheims, Saint-Etienne et Saint-Quentin,
sont loin de rendre au commerce et à l'industrie,
ainsi que nous aurons occasion de le constater plus
tard, les services que l'on serait en droit d'en exi-
ger (1).

(1) A une époque très-récente, le gouvernement de la banque a consenti, après s'être fait longtemps solliciter, à établir

Le premier taux des escomptes de la Banque de
France fut de 6 p. 100 ; il descendit successivement à 5 et à 4 p. 100, remonta un moment, en
1814 et 1815, à 5, et redescendit enfin à 4, où il
est toujours demeuré depuis.

Le mouvement annuel de ses opérations s'élève
au chiffre annuel de quinze cents millions ; et ces
opérations sont tellement garanties, qu'elles s'ac-
complissent non-seulement de manière à ne laisser
à la charge de la Banque aucune non-valeur de
quelque importance, mais encore, pour ainsi dire,
sans risques et sans qu'elle éprouve même des re-
tards dans ses recouvremens. Relativement à une
somme aussi considérable, et en regard des énormes bénéfices qu'elle réalise chaque année, il semble que quelques pertes devraient au moins témoi-
gner de quelques facilités, de quelques secours,
départis au commerce dans les momens de dé-
tresse. Mais point du tout, ces pertes sont si rares,
et si faibles, que plus d'un économiste s'est em-
paré de cette circonstance pour adresser à la Banque de France, d'assez vifs reproches, sur la *mé-
ticuleuse et oppressive prudence* (nous avons hâte
de dire que ces mots sont une citation) de ses ad-
ministrateurs (1).

quelques nouvelles succursales. Mais il est difficile de rien
dire sur des établissemens d'aussi fraiche date, et dont plusieurs n'ont point encore fonctionné. (Voir à ce sujet l'ouvrage déjà cité de M. d'Esterno.)

(1) Quant aux faits, voir les Comptes-rendus annuels.

Tandis que les actions de la Banque d'Angleterre
et de la Banque des Etats-Unis, n'ont jamais rendu
en moyenne plus de 7 p. 0|0, ni valu le double de
leur capital primitif, les actions de la Banque de
France ont constamment rendu de 8 à 10 p. 0|0
en moyenne et ont augmenté successivement de
valeur jusqu'au taux actuel qui représente plus du
triple de leur capital primitif (1).

Quoi qu'il en soit, on ne peut accuser l'esprit
qui a présidé à l'organisation première de la Banque de France. Les circonstances, comme on l'a
vu, ont justifié les priviléges dont elle a été investie eu égard à la réciprocité d'obligations qui lui a
été imposée. Mais il est certain qu'aujourd'hui
même le caractère de ces priviléges révèle l'absence de garanties laissées à la nation et l'imperfection notoire d'un système dont le moindre défaut
est d'être suranné.

C'est surtout dans ces dernières années que la
tendance des idées vers les améliorations financières s'est manifestée en France avec une énergie
qui prend nécessairement sa source dans le sentiment des perfectionnemens qu'appelle l'extension

_____

(1) Ce qu'il y a lieu de conclure de la plus value acquise
aux actions de la banque et de la différence de leurs primes,
c'est qu'elles ont été exploitées plus ou moins au profit des
actionnaires et non point au profit des cliens. La plus person-
nelle évidemment a été la Banque de France ; aussi le chiffre
du capital nominal des actions a-t-il atteint le prix énorme
de 3,500 fr.

continue des transactions commerciales et des ha-
bitudes d'industrie. Or, il est impossible que les
temps changent sans amener de changemens dans
les institutions, surtout lorsque ces institutions ont
eu pour but de répondre aux besoins d'un temps
antérieur. Les questions relatives au crédit se dis-
cutent tous les jours dans les livres, dans les jour-
naux, à la tribune. Il est impossible que l'opinion
ne fasse tous les jours un pas vers leur solution. Si
les intérêts opposés trouvent toujours le moyen
d'invoquer des argumens contradictoires, il n'en
est pas moins vrai que tout le monde est d'accord
sur un point : l'insuffisance en France des ressources, des moyens et des établissemens de crédit.

La Banque de France est tout à la fois banque
de dépôt, banque d'escompte et banque de circulation.

Sous le premier rapport, il serait à désirer qu'elle
imitât les Banques d'Ecosse, en établissant des
comptes réciproques d'intérêt entre elle et ses
cliens.

Sous les deux autres points de vue (Banque
d'escompte et Banque de circulation), on ne peut
s'empêcher de reconnaître dans ses opérations, une
insuffisance, et une imperfection plus notables et
plus fâcheuses encore.

Le nom même de ce grand établissement constate qu'il est destiné dans la pensée qui a présidé
à sa fondation, à protéger, à secourir tout le com-

merce français.—La Banque de France a cependant restreint pendant long-temps le cercle de ses opérations à la ville de Paris, et aujourd'hui même, comme nous l'avons dit, elle ne possède, dans toute la France, que quelques succursales.—Nous pouvons ajouter que, ce n'est que fort récemment qu'elle a admis la banlieue à l'escompte.

Inutile de conclure que, restreindre ses opérations dans un cercle aussi limité, ce n'est point être la Banque de France; c'est donc fonder, justifier un grief capital contre elle, considérée comme Banque d'escompte.

D'ailleurs, ainsi que nous l'avons indiqué plus haut, le bienfait de ses escomptes resserrés dans les hautes classes de la banque, ne profite point au petit négoce qui, plus que tout autre en ressent le besoin, *le petit papier n'arrive jamais à elle directement*, et cette circonstance vraiment fâcheuse tient au vice premier de son organisation.

Concentrée dans les sommités financières, la Banque de France n'a pas pénétré assez *avant dans les classes inférieures*, et surtout assez étudié les positions spéciales qui existent dans chacune des branches d'industrie ou de commerce prises séparément. Sans données locales précises, son conseil d'escompte ne peut faire qu'une œuvre incomplète, et pour que le petit commerce soit admis à jouir du bénéfice de l'escompte, il lui faut, de toute nécessité, acheter cette troisième signature d'une

4

maison haut placée et dont la garantie puisse être accueillie par la banque.

En d'autres termes, ce n'est pas la Banque de France qui lui escompte son papier, c'est une maison particulière, sauf à cette dernière à l'endosser pour en faire plus tard de l'argent en l'envoyant à la banque qui l'escompte à des conditions bien autrement avantageuses que celles qui ont été imposées au petit commerçant.

Le véritable profit direct revient toujours à la maison qui a servi d'intermédiaire.

D'un autre côté, toujours par le même vice de sa constitution et faute par elle d'avoir suffisamment élargi ses données et les bases de son appréciation du papier soumis à l'escompte, la Banque de France resserre son crédit quand il faudrait l'étendre, et dans les crises commerciales, n'est d'aucun secours à l'industrie, car c'est alors précisément qu'elle rend plus rigoureuses ses conditions d'escompte déjà si rigoureuses dans les temps ordinaires.

Mais c'est surtout comme banque de circulation qu'elle laisse à désirer. En effet sa monnaie de papier n'est pas une valeur réellement circulante; car la circulation ne nait pas seulement de la confiance qui s'attache aux valeurs émises, mais encore des commodités qu'elles offrent, des avantages qui y sont inhérens, de l'intérêt qu'on a à les prendre, dans le mouvement des fonds, comme valeurs réelles et des facilités qu'elles présentent pour le remboursement.

Or, *exigible* seulement à Paris, ne produisant aucun intérêt, quelque soit la durée du temps pendant lequel on le garde, les embarras du remboursement et la crainte de l'égarer dans un envoi sur Paris, font refuser chaque jour dans beaucoup de provinces la monnaie de papier de la Banque de France, et ne la font accepter dans d'autres que comme une espèce de marchandise pour laquelle il faut chercher un acheteur à prix débattu, ce qui occasionne au porteur du papier une perte qui, dans beaucoup de départemens, va jusqu'à 1 p. 0₁0.

Au surplus, les chiffres (et c'est en pareille matière le langage le plus éloquent) viennent confirmer cette vérité. A la fin de 1838, la réserve de la banque s'élevait au chiffre énorme de 232,000,000 fr., et la moyenne de circulation des billets émis par elle et par ses quatre succursales, dans la même année n'était que de 211,500,000 fr., elle avait donc à proprement parler, enlevé à la circulation 20,500,000 fr. de plus qu'elle ne lui avait apporté. Ce qui donne une grande importance à ce fait, c'est surtout sa fréquence et pour ainsi dire sa continuité.

Or, un tel spectacle est vraiment désolant, car c'est le bouleversement le plus complet de toutes les idées et de toutes les doctrines reçues en matières de crédit. Ainsi, l'expérience a constaté qu'une banque de circulation bien établie peut, sans danger aucun, émettre trois fois autant de billets qu'elle a de réserve métallique, et voici que la Banque de France qui jouit d'une confiance et d'un crédit illimités arrive précisément à la conclusion inverse et ne soutient pas dans la circulation une somme de billets égale à sa réserve? En vérité de pareils faits n'ont pas besoin de commentaires.

Créées sur le modèle et les mêmes bases que la Banque de France, les banques départementales participent aux mêmes inconvéniens, leur escompte est également exclusif, leurs ressources également insuffisantes et leurs valeurs ne circulent également que dans leurs localités respectives.

Le chiffre des moyennes de leurs billets en circulation est encore plus restreint que celui de la Banque de France et la raison en est simple. Comment les banques départementales avec des capitaux bien inférieurs, une confiance bien récente, un crédit bien moins solidement assis, une suite d'opérations qui, pour presque toutes, date d'hier, un centre d'action moins vaste et moins puissant, un entourage moins prépondérant et peut-être moins éclairé, obtiendraient-elles un résultat que 40 années d'opérations, et le secours de tous les priviléges possibles n'ont pas permis à la Banque de France d'atteindre?

Disons-le donc sans crainte d'être démentis par tous les esprits éclairés, nos banques publiques ne sont pas des banques de circulation, ou tout au moins sont, sous ce rapport, plus qu'insuffisantes. Le propre des banques de circulation est d'augmenter la masse des capitaux et de créer de nouveaux moyens de circulation. Or, les opérations consommées jusqu'à présent par nos banques publiques ont amené cette conséquence diamétralement opposée, qu'elles ont en réalité, retiré de la circulation plus qu'elles n'y ont jeté.

Ces vices n'avaient pas échappé à l'une de nos premières notabilités financières ; et quand M. Laffitte fonda sa caisse générale du commerce et de l'industrie, il avait en vue de suppléer à l'insuffisance actuelle des banques et des moyens de crédit.

La création de M. Laffitte a été un véritable progrès, elle est même devenue la source de beaucoup de bien, mais malheureusement, il faut le reconnaître, M. Laffitte n'a envisagé qu'un côté de la question, ou s'il l'a embrassée sous toutes ses faces, les remèdes qu'il a employés n'ont paralysé que la moitié du mal qu'il voulait faire disparaître.

Dans sa conception, M. Laffitte semble s'être préoccupé plutôt de l'insuffisance de l'escompte actuel que de l'absence d'une valeur circulante et c'est cette circonstance qui rend son œuvre tout à fait incomplète. Cette circonstance toutefois a beaucoup moins de portée encore relativement à un établissement qui, comme le sien, subit le joug d'une loi de monopole, que relativement à la Banque de France, établissement au profit duquel il est créé, et qui avait reçu de cette même loi, la mission de créer le capital circulant du pays.

Ce n'était pas tout que d'appeler directement ainsi que l'a fait M. Laffitte le petit commerce de Paris, au bénéfice de l'escompte, ce n'était pas tout que de le dispenser de l'achat trop souvent usuraire de cette troisième signature a qui seule était acquis le privilège exclusif d'entrer à la caisse d'escompte de la Banque de France, ce n'était même pas tout que d'ouvrir à ses cliens solvables des comptes courans qui leur donnent les moyens de multiplier et d'activer leurs transactions, en dehors de tout ceci, il restait encore un problème à résoudre et sa solution a échappé à la haute intelligence de M. Laffitte.

C'est sous le rapport de l'établissement d'une valeur circulante (et c'est l'absence de cette valeur qui paralyse aujourd'hui l'action de toutes nos banques) que M. Laffitte est loin d'avoir été aussi heureux. Il a essayé, il est vrai, de créer un billet à ordre portant intérêt représentant une valeur reçue en échange et destinée à courir dans la circulation; mais cette monnaie de papier, n'est exigible qu'à Paris, à sa caisse, et se trouve, par cette restriction même, privée de la force circulante qui eût peut-être mis sur la voie d'un système que la France industrielle et commerciale réclame depuis

si long-temps. Ainsi faite, cette valeur est double-
ment opprimée par le billet de la Banque de
France, parce qu'elle représente évidemment une
solvabilité moins grande, et elle a en outre l'incon-
vénient de n'être point exigible à vue.

Ajoutons encore qu'à l'instar de la Banque de
France et des banques départementales, la caisse
générale de M. Laffitte ne fonctionne que dans une
localité donnée; sans étendre au-delà le cercle de
ses opérations et qu'ainsi tout le bien qu'elle peut
faire devient un bienfait purement local.

Néanmoins et malgré toutes ses imperfections,
l'œuvre de M. Laffitte qui était réellement un acte
de progrès, ne pouvait manquer d'avoir en France
un grand retentissement ; de nombreux imitateurs
se sont hâtés, dans les provinces, de fonder des
établissemens de crédit sur les bases et le plan
adoptés par M. Laffitte. Toutes ces copies plus ou
moins heureuses d'une grande institution à laquelle
nous avons dû rendre justice, se trouvent exactement, à l'égard de leur modèle, dans la position
des banques départementales vis-à-vis de la Banque de France. Moins riches et moins puissantes
que la caisse générale du commerce et de l'industrie, elles ne peuvent rendre que des services se-
condaires : elles sont elles-mêmes plutôt comptoirs
d'escompte que banques de circulation et leur action
quelqu'utile qu'elle puisse être, se trouve toujours
resserrée dans les limites étroites de la localité
au sein de laquelle elles opérent.

Ce qui précède constate l'existence d'un vice
capital, vice que rien ne tend à réparer dans ces
institutions diverses, savoir : l'absence d'un moyen
supérieur de circulation ; en un mot, d'un véritable *medium circulans*.

Tel est le point où nous sommes arrivés en France. Voilà ce qu'a fait et ce que possède en matière
de crédit le peuple qui s'estime le plus éclairé et
le plus civilisé de la terre. L'Angleterre, l'Ecosse
et les Etats-Unis sont sillonnées de banques, possédant chacune dans sa sphère un réseau de succursales, de banques publiques ou privées, de banques
à fonds-unis, agissant sur toute leur surface et
versant, par une ingénieuse correspondance, sur
tous les points du territoire, les ressources et les
bienfaits d'un crédit toujours proportionné aux besoins et aux garanties du moment, et la France
ne possède que quelques banques isolées les unes
des autres, sans unité, sans cohésion. Ces banques
mêmes dispensent avec une parcimonie mortelle
les moyens que met à leur disposition un crédit
incomplet, resserrent leurs escomptes quand il
faudrait les étendre, et les élargissent dans les momens de prospérité lorsque l'on pourrait à la rigueur s'en passer. L'Angleterre possède à elle
seule 800 banques à fonds unis (les Etats-Unis en
ont 900), et la France compte à peine 20 établissemens de crédit. Aux Etats-Unis et dans les Trois-
Royaumes, le papier circule et court, non pas

comme le numéraire, mais mieux que lui, parce
qu'il est généralement apprécié et que ses avantages et ses commodités sont connus et goûtés par
tous ceux qui se livrent aux transactions commerciales. Et en France, l'éducation financière en est
encore à ce point qu'il n'existe pas de valeur réellement circulante, et que s'il arrive à quelques
hommes animés d'un zèle ardent pour les intérêts
du pays de hasarder une tentative pour présenter
le spécimen d'une monnaie de papier, qui réuni-
rait toutes les conditions voulues pour une large
et facile circulation, cette tentative ne pourra par-
venir à surmonter les préventions intéressées des
bénéficiaires du *statu quo*.

Aussi tous en conviennent et beaucoup l'écri-
vent, l'ont écrit, à propos de la circonstance actuelle. Il nous semble même qu'il y a à peu près
unanimité parmi ceux qui ont le mieux compris la
matière sur les points suivans :

1° Il n'existe point en France un nombre suffi-
sant de banques, de caisses, de comptoirs. Leur
nombre, comparé à celui que possèdent les nations auxquelles nous n'avons cependant pas la
prétention de céder en rien, est ridiculement petit.

2° Le petit nombre des établissemens de crédit
que nous avons, n'opèrent qu'au profit de la plus
faible partie de ceux qui en ont besoin.

3° Jamais encore on ne s'est occupé de consti-

tuer en France un système de circulation bien en-
tendu, de remplacer le capital métallique, impro-
ductivement employé dans la circulation habi-
tuelle, par une valeur de crédit qui permettrait de
faire un emploi productif d'une somme égale au
chiffre que le papier aurait remplacé.

Cette dernière question surtout est capitale,
nous croyons devoir nous y arrêter, parce qu'elle
nous semble d'une immense gravité.

La statistique prouve que la France possède
trois fois plus d'espèces métalliques que l'Angleterre, et six fois plus que les Etats-Unis. Pareillement l'Espagne et l'Italie en possèdent propor-
tionnellement plus que la France, en raison inverse de la prospérité matérielle de ces diverses
contrées. On évalue à 3 milliards environ la quo-
tité du numéraire que possède la France, de
900,000,000 à 1 milliard celle du numéraire de
l'Angleterre, et à 500 millions au plus la somme
du numéraire des Etats-Unis. En revanche, la circulation du papier aux Etats-Unis est de près de
onze cents millions, c'est-à-dire du double du capital métallique de ce pays ; en Angleterre, de plus
d'un milliard, c'est-à-dire d'une somme au moins
égale à celle de son numéraire ; et en France,
d'environ 150 à 180 millions, c'est-à-dire du ving-
tième à peu près de son capital métallique.

La France absorbe donc en pure perte l'intérêt

de tout ce qu'elle possède en valeurs métalliques
de plus que l'Angleterre et les Etats-Unis; car, de
ce que ces pays ont moins de numéraire que la
France, il ne s'en suit nullement qu'ils fassent
moins d'opérations industrielles et commerciales.
Le contraire est démontré. Voilà donc la France
qui sacrifie sa prospérité réelle à la *ruineuse satis-
faction* d'entasser des lingots.

Et maintenant supposons que la France, par le
développement d'un bon système de crédit, pût,
comme les Etats-Unis, avec 500 millions de numéraire, satisfaire à tous les besoins de sa circulation, il est clair qu'elle serait défrayée de l'intérêt de 2 millards 500 millions de capital, c'est-à-
dire d'environ 125 millions de rentes. Supposons,
s'il le faut, qu'elle allât moins loin que les Etats-
Unis, et qu'elle réduisît son capital métallique
seulement à un milliard, chiffre correspondant, supérieur même à celui de l'Angleterre, ce serait encore pour elle une économie d'environ 100 millions par an.

Cherchez des modifications possibles au budget
de l'Etat. Vous n'en trouverez pas assurément qui
soient susceptibles de présenter un semblable résultat. Vous devez dès-lors apprécier toute l'importance de la question qu'il s'agit de trancher aujourd'hui, à l'occasion du renouvellement du privilége de la Banque de France. Si nous employons
pour les besoins de notre circulation, un capital

métallique de trois milliards, et si l'exemple des
peuples, plus avancés que nous, atteste que nous
pourrions nous borner à l'emploi d'un milliard, et
que, par conséquent, nous gaspillons chaque année l'équivalent d'un revenu de 100 millions, il
est clair que notre industrie, notre commerce et
notre agriculture sont tenus de prélever annuelle-
ment sur leurs produits cet impôt de 100 millions,
que ne paie point l'étranger, et qui, par conséquent, fait pencher, en faveur de l'étranger, la
balance commerciale. — C'est comme si chaque
année nous perdions la propriété de dix chemins
de fer tels que ceux de Saint-Etienne, de Saint-Ger-
main ou de Versailles.

Eh bien! disons-le hautement, le but des banques et d'amener successivement l'état de la circulation monétaire du pays, à ce point qu'il puisse
s'affranchir d'un tel impôt. Ce sont les banques
qui ont exonéré l'Angleterre et les Etats-Unis
d'une charge analogue. Ce sont les banques qui,
dans les limites de la raison et de la prudence,
doivent en exonérer la France.

Or, cela est-il possible dans les conditions ac-
tuelles de notre système de crédit? non. Cela est-
il possible dans l'état d'insuffisance des moyens de
circulation à l'usage de nos banques? non. Cela ne
démontre-t-il pas surabondamment combien il est
nécessaire de faire un pas vers l'amélioration de
ces conditions déplorables? combien il est urgent

de réformer la notoire imperfection du système auquel préside l'organisation *peu progressive* de la Banque de France? combien, en un mot, il est urgent de constituer, en France, un véritable système de crédit commercial, de l'organiser sur des bases larges et fécondes, qui en rendent les bienfaits accessibles à tous, et de lui faire embrasser, non plus seulement l'enceinte d'une ville, toujours étroite quelque peuplée qu'elle puisse être, mais bien la vaste enceinte que tracent autour de nous les frontières de la France.

POST-SCRIPTUM.

Mai 1840.

Le privilége exclusif, absolu, accordé à la Banque de France par Napoléon n'expire qu'en 1843. — En 1840, on s'est hâté de demander le renouvellement, parce que cette année encore la chose a semblé facile. Les bénéficiaires de ce privilége

ont craint avec raison que dans un an elle ne fut
plus possible.—En effet, si les questions de crédit,
de banque continuent à préoccuper l'attention
comme elles le font à cette heure, les idées, les con-
naissances sur ce sujet seront trop répandues, et
l'opinion publique trop prononcée contre ce projet,
pour que le renouvellement, tel qu'on le sollicite,
puisse être accordé.

La chambre des députés a adopté purement et
simplement le projet du gouvernement tel qu'il
avait été reproduit par la commission. Quelques
orateurs ont demandé, en s'étayant d'assez fortes
raisons, d'ajourner le débat, et de préparer une
enquête dont les discours de plusieurs de nos
honorables, eussent, à défaut d'autres preuves,
démontré la nécessité. Mais la chambre n'a pas
tenu compte des paroles de ceux qui voulaient un
plus ample informé ; elle a cru qu'elle en savait
très-suffisamment sur la matière pour prononcer
une décision. En conséquence, elle a repoussé
la demande de l'enquête, et une énorme majo-
rité a immédiatement confirmé le renouvellement
de ce privilége absolu, et consacré pour un quart
de siècle encore l'immobilité de cet ordre de choses dont nous avons, dans les pages qui précèdent,
démontré les inconvéniens.

La France se rappelle avec une profonde grati-
tude que, dans de graves circonstances, la chambre des pairs n'a point hésité à se poser en face de

la chambre des députés; espérons qu'elle le fera
encore dans la circonstance actuelle. Ordonner
l'enquête que nous demandons, serait acquérir de
nouveaux droits à la reconnaissance publique ;
car de cette enquête, ressortiront nécessairement
des élémens de progrès d'une utilité décisive pour
la constitution en France d'un véritable système
de crédit, et, par suite, de nouveaux élémens de
prospérité ; car en finance, le progrès, c'est la
richesse.

www.ingramcontent.com/pod-product-compliance
Lightning Source LLC
Chambersburg PA
CBHW071243200326
41521CB00009B/1599